TRAITÉ PRATIQUE

DE

VINIFICATION.

CET OUVRAGE,

EXTRAIT DES MÉMOIRES DE LA SOCIÉTÉ ACADÉMIQUE DE L'AUBE,

a obtenu en 1861 :

UNE MÉDAILLE D'ARGENT

AU CONCOURS RÉGIONAL DE CHALONS-SUR-MARNE,

ET UNE MÉDAILLE D'ARGENT

AU CONCOURS DE VITICULTURE QUI A EU LIEU
DANS LA MÊME VILLE.

TRAITÉ PRATIQUE
DE
VINIFICATION

PAR M. EUGÈNE RAY,

MEMBRE ASSOCIÉ DE LA SOCIÉTÉ D'AGRICULTURE, DES SCIENCES, ARTS
ET BELLES-LETTRES DU DÉPARTEMENT DE L'AUBE.

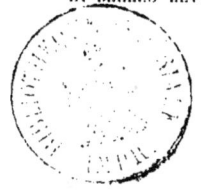

DEUXIÈME ÉDITION.

BAR-SUR-AUBE.
Mme JARDEAUX-RAY, IMPRIMEUR-ÉDITEUR.

1862

NOTE

DE L'ÉDITEUR.

Il existe un grand nombre de Traités de vinification, dont plusieurs ont beaucoup de mérite, mais en général tous ces ouvrages sont d'une certaine étendue, et les conseils pratiques qu'ils contiennent sont noyés dans les détails de la théorie ; aussi arrive-t-il presque toujours que la plupart des personnes qui pourraient en faire leur profit finissent, après avoir entrepris de les lire, par les abandonner sans même avoir eu le courage de les parcourir en entier.

Nous espérons que le Traité de vinification que nous présentons aux propriétaires viticoles aura évité cet inconvénient, et que néanmoins il suffira, par sa simplicité et sa clarté, pour les guider dans la fabrication de leurs vins et dans les soins à leur donner.

Sauf quelques détails de manutention de peu d'importance, et qui varient suivant les habitudes de chaque localité, les principes que contient ce Traité sont d'accord non-seulement avec ce qui se pratique dans les meilleurs vignobles de la Bourgogne et de la Champagne, mais encore avec les prescriptions des auteurs qui font le plus autorité dans la matière ; ils sont donc applicables à la majeure partie des vignobles de la France.

Il serait à désirer, ce nous semble, qu'un travail analogue, mis ainsi à la portée de tous, fût fait pour les vignobles du Midi ; il offrirait certainement un grand intérêt, par suite de points de comparaison et d'essais qui pourraient être très-profitables, non-seulement à l'œnologie, mais encore à la viticulture.

AVANT-PROPOS.

La vendange et la vinification sont les opérations les plus importantes auxquelles donne lieu la culture de la vigne, et cependant, on ne saurait le nier, ce sont, très-souvent, les plus mal faites ; aussi pensons-nous que l'indication des principes qui servent de base aux procédés de vinification généralement suivis par les principaux propriétaires, tant de la Bourgogne que de la Champagne, et l'explication de ces procédés peuvent offrir quelque intérêt.

Notre intention, cependant, n'est pas de faire un Traité bien étendu de vinification, mais de présenter seulement quelques observations sur la manière de faire le vin et de le soigner; nous nous occuperons donc principalement de la pratique, et très-peu de la théorie. Tout notre désir est que ce simple exposé puisse être de quelque utilité aux propriétaires de vignes qui manquent de renseignements à cet égard, car c'est à eux particulièrement qu'il s'adresse.

On sera peut-être étonné de ne pas voir figurer dans ce Traité un chapitre spécial sur les maladies et les altérations auxquelles sont sujets les vins ; mais comme les moyens qu'on indique généralement pour les guérir sont tous plus ou moins défectueux, et qu'après différents essais nous en sommes à peu près arrivé, pour notre compte, à ne croire à l'efficacité d'aucun remède, nous nous abstiendrons de les publier. Ce qu'il y a de mieux à faire, sans contredit, c'est de prévenir le mal, et nous sommes persuadé, d'après notre propre expérience, qu'en se conformant aux principes contenus dans ce Traité de vinification, et dont l'application ne demande, pour toute dépense, qu'un peu de soin, on atteindra certainement à ce but.

Quant à la fabrication des vins mousseux, comme c'est une industrie spéciale à certaines contrées, et que ce sujet d'ailleurs est parfaitement traité par M. le docteur Jules Guyot dans l'excellent ouvrage sur la Culture de la vigne et sur la Vinification qu'il a publié à la Librairie agricole, nous y renvoyons les personnes qui désireraient en faire une étude approfondie.

TRAITÉ PRATIQUE

DE

VINIFICATION

§ Ier.

De la Vendange.

En principe, pour vendanger, il faudrait toujours attendre que le raisin fût parfaitement mûr ; mais trop souvent, malheureusement, il n'arrive pas à une maturité complète, et il faut bien se résoudre à le couper, plutôt que de s'exposer à le voir se perdre par suite de la température humide qui règne en automne, ou par suite de gelées prématurées. Le moment à saisir est donc celui où le raisin n'a plus rien à gagner sur le cep.

Il serait tout aussi dangereux de dépasser le moment de la pleine maturité que de le devancer; car si les raisins, quand ils ne sont pas assez mûrs, donnent un vin dépourvu de qualité, sans couleur, peu riche en alcool et d'une garde difficile, il est certain que, lorsqu'ils le sont trop, le vin perd de son agrément, est sujet à une foule de maladies et se conserve aussi très-difficilement. Les vins blancs sont les seuls auxquels l'excès de maturité du raisin soit favorable.

Il est toujours avantageux de vendanger par un beau temps et lorsque le soleil a entièrement dissipé les brouillards, ou enlevé la rosée que la fraîcheur des nuits dépose sur le raisin. Cette attention est surtout utile dans les années pluvieuses, dans le cas de gelées prématurées, et lorsque le raisin a perdu de sa fermeté; car il est essentiel alors de ne pas abaisser le degré du moût, qui, n'étant pas pourvu d'une somme de sucre strictement suffisante, ne produirait pas la quantité d'alcool indispensable à la bonne conservation du vin. De plus, le raisin, cueilli par un temps froid, entre bien plus difficilement en fermentation, et fermente plus lentement que lorsqu'il est cueilli par un temps sec et chaud.

Si, par des circonstances particulières, l'on se trouve dans la nécessité de vendanger par la rosée ou immédiatement après la pluie, il est mieux dans ce cas, afin de conserver aux plants fins toute leur qualité, de ne couper d'abord que de gros plants destinés à faire des vins ordinaires seulement, et d'attendre, pour vendanger les autres, que l'air ou le soleil les aient essuyés.

Non-seulement il faut profiter d'un temps convenable pour cueillir le raisin, mais encore il est nécessaire de prendre un nombre suffisant de vendangeurs, afin que, dans l'intérêt du cuvage, cette opération se fasse promptement, et d'autant qu'il est toujours bon de prévenir les vicissitudes du temps, qui est extrêmement variable à cette époque de l'année.

Lorsque les coupeurs sont arrivés au pied de la vigne, on les dispose sur une seule ligne, en leur faisant occuper, d'après le nombre des ouvriers que l'on a à sa disposition et d'après l'importance de la pièce à vendanger, soit la totalité, soit une portion seulement de sa largeur, puis chacun d'eux, s'avançant droit devant soi, cueille, au moyen d'une serpette, les raisins qui sont à sa portée. La personne chargée de la direction de la vendange doit se tenir à quelques pas en arrière de la bande, et veiller avec soin à ce qu'on n'oublie aucun cep et à ce qu'on rejette toutes les grappes qui ne sont pas mûres, ainsi que celles qui sont sèches ou gâtées. Lorsque les paniers où l'on dépose le raisin sont pleins, il est bon que les *hottiers* eux-mêmes en vérifient le contenu, en les versant dans des hottes qu'ils ont disposées de distance en distance, à proximité des vendangeurs, et qu'ils vident ensuite dans des cuveaux amenés au pied de la vigne, sur des voitures attelées de chevaux ou de bœufs; enfin les raisins sont conduits au *vendangeoir,* et transvasés dans les cuves au moyen d'une pelle et d'une couloire de bois.

Les raisins de qualité inférieure, qu'on a pu laisser avec intention lors de la première coupe, sont recueillis au moyen d'un second parcours dans la portion vendangée, et mis à part; on ne peut en faire, il est vrai, que des vins d'une qualité bien secondaire, mais dont il est toujours facile de tirer parti, dans la consommation intérieure de la maison.

§ II.

De l'Égrappage.

Dans quelques vignobles, on est dans l'usage, avant de jeter le raisin dans la cuve, de l'égrapper, c'est-à-dire d'enlever la rafle, entièrement ou en partie.

Quelques essais ont été faits à différentes fois dans nos contrées, et je n'ai pas connaissance qu'on ait jamais retiré de l'égrappage un avantage bien marqué; cette opération semble d'autant plus inutile, que la vendange ne doit généralement rester que fort peu de temps dans la cuve avant d'être portée au pressoir, et qu'alors le vin n'a pas un contact assez prolongé avec la rafle pour rien prendre de son âpreté.

De nombreuses expériences comparatives faites à diverses époques dans plusieurs vignobles, et notamment dans la haute Bourgogne, ont démontré qu'il résultait pour le vin des avantages très-grands de l'emploi de la rafle ; en admettant même que le principe acerbe et astringent qu'elle contient rende le vin tant soit peu âpre dans les premiers temps, on ne saurait nier que, par l'aide qu'elle prête à la fermentation, elle ne soit l'agent le plus capable d'activer l'action du ferment, et que le tannin qu'elle renferme et transmet au vin ne donne à celui-ci du corps et ne contribue à sa conservation.

Il est certain, du reste, que cette âpreté est insensible, lorsque les cuvages sont bien conduits et de courte durée, et quand le contraire a lieu, c'est toujours la faute de propriétaires inhabiles qui, ne sachant pas apprécier le moment où le contact de la rafle avec le vin devrait cesser, l'y laissent séjourner trop longtemps.

On pourrait objecter que les vins rosés, ne restant que très-peu de temps avec la rafle, et les vins blancs, n'éprouvant aucun contact avec elle pendant la fermentation, ne peuvent par conséquent profiter du tannin qu'elle contient, et que cependant ils sont généralement d'une bonne garde ; mais cela tient à la conservation de certains principes, et surtout du principe sucré, qui n'ont pas été usés à la cuve.

Il se peut que l'égrappage soit convenable dans certains vignobles, mais, en général, nous considérons cette opération comme complètement inutile, à moins toutefois que le raisin n'ait eu à souffrir, soit de la coulure, soit de la grêle, et ne soit pas alors suffisamment pourvu de grains; il est rationnel, dans ce cas, de supprimer une partie des rafles et de les réduire à la proportion voulue avec la masse de la vendange; car autrement on pourrait craindre avec raison que, par leur surabondance, elles ne communiquassent au vin une âpreté et une saveur désagréables.

On se sert, pour cette opération, d'une espèce de claie en osier, bordée d'un bourrelet d'osier serré, et dont les mailles ont 0,02 environ d'ouverture. Cette claie étant placée sur le cuveau ou sur la cuve, l'égrappeur agite avec les mains les raisins que l'on y dépose, jusqu'à ce que les rafles soient totalement dépouillées des grains.

§ III.

Du Foulage.

La fluidité du moût est nécessaire pour développer une fermentation simultanée, vive et complète, par suite de la fusion des divers principes qui concourent à la formation du vin; elle les dispose ainsi à réagir plus également les uns sur les autres, et contribue plus puissamment par là au développement de la partie colorante contenue dans la pellicule du raisin; aussi est-il absolument indispensable de procéder au foulage ou, pour dire plus exactement, à l'écrasement préalable des grains du raisin, lors de son versement dans la cuve.

Un foulage imparfait présente peu d'inconvénients lorsque la température est chaude, la fermentation étant alors très-rapide; mais il n'en est pas de même par un temps froid, parce que, dans ce cas, la fermentation se développe avec lenteur et se prolonge beaucoup trop, pour que ce ne soit pas au détriment de la bonne qualité du vin.

Nous considérons donc l'opération du foulage, mais du foulage préalable seulement, comme une des plus nécessaires pour faire arriver la vendange à une fermentation parfaite, et pour procurer une belle couleur au vin.

On procède ordinairement à cette opération, au fur et à mesure que la vendange arrive de la vigne, en écrasant les raisins dans le cuveau, avant de les jeter dans la cuve.

Quelques propriétaires se servent de deux cylindres cannelés, tournant parallèlement en sens contraires au moyen d'une manivelle, et surmontés d'une trémie dans laquelle on verse la vendange; entre ces deux cylindres est ménagé un intervalle suffisant pour que tous les grains soient complètement écrasés, sans que cependant la grappe puisse être froissée à l'excès. Cet appareil se pose, au moyen d'un support, soit sur un cuveau d'où l'on rejette la vendange dans la cuve, soit, ce qui est préférable, sur la cuve même, quand rien ne s'y oppose.

Quels que soient les procédés que l'on employe pour écraser les raisins, comme cette opération est indispensable, l'essentiel est qu'elle **soit faite.**

Ce foulage préalable suffit, mais il faut qu'il soit exécuté convenablement, les foulages qui pourraient être faits ultérieurement présentant de très-grands dangers pour les personnes chargées de ce travail, et ayant l'inconvénient grave de contrarier la fermentation, de faciliter l'évaporation, et de donner souvent un vin dur et *forcé de cuve*. En outre, si l'on a laissé s'acidifier la partie supérieure de vendange qui se trouve au-dessus de la cuve et qui forme ce qu'on appelle le *chapeau*, on court le risque, en l'immergeant dans la masse, de communiquer au vin l'acidification dont elle renferme les éléments : aussi, pour peu qu'on ait de doute à cet égard, lorsque vient l'opération du pressurage, est-il prudent, avant de porter la vendange au pressoir, d'enlever, du mieux possible, les parties putréfiées et acidifiées du chapeau.

Tout en proscrivant le foulage dans la cuve, il en est un que nous pouvons peut-être admettre, au moins dans certaines circonstances, c'est le *coup de pied* que quelques propriétaires, avant de décuver, font donner à la masse de la vendange, dans le but de forcer la couleur du vin et de faire obtenir à celui-ci un peu plus de corps et de fermeté ; il est bon que cette opération, qui n'a lieu du reste que pour les vins ordinaires, soit faite, avec tous les soins et les précautions indispensables en pareils cas, six heures au moins avant le tirage de la cuve, afin que le marc ait le temps de remonter et facilite ainsi la sortie du vin.

---

§ IV.

Du Cuvage.

Un propriétaire de vignes doit faire en sorte, par-dessus tout, d'obtenir un vin qui soit franc de goût, d'une saveur agréable, et qui n'ait rien perdu de son arôme ni particulièrement de son alcool, car c'est de lui que dépend en grande partie sa conservation. Pour arriver à ce résultat, on ne saurait attacher trop d'importance à l'opération du cuvage.

La densité du moût n'est pas la même tous les ans, elle diffère nécessairement suivant la température de chaque année ; pour connaître sa pesanteur spécifique, c'est-à-dire pour apprécier la proportion de matière sucrée qu'il contient et qui, par suite de la fermentation, doit se convertir en alcool, on fait usage du *gleucomètre*, instrument inventé par M. Cadet de Vaux. Bien que les indications qu'il donne ne soient pas d'une rigoureuse exactitude, en raison des diverses substances étrangères à la matière sucrée contenues dans le moût et qui en augmentent la densité, l'emploi de cet instrument peut être utile et venir en aide au propriétaire.

Pour en faire usage, on doit prendre du moût qui n'ait encore subi aucun commencement de fermentation, et que l'on a eu soin de passer à travers un linge fin pour le séparer autant que possible des corps étrangers, puis on le verse dans une *éprouvette* de fer-blanc. Plus le moût a de densité, c'est-à-dire plus il contient de matière sucrée, moins l'instrument s'enfonce quand on le plonge dans la liqueur. Si l'on obtient de 12 à 13 degrés, on peut compter sur un très-bon vin (1834-1842-1846); si le gleucomètre ne monte qu'à 10 ou 11 degrés, le vin sera d'une bonne qualité courante (1840-1844-1848); à 9 degrés et au-dessous, la qualité ne peut être que plus ou moins médiocre (1841-1843-1851), et le vin sera certainement plat et d'une garde difficile.

On a donc cherché à remédier à ce vice du moût et à réparer en quelque sorte l'oubli de la nature; c'est alors que plusieurs œnologues, et entr'autres Chaptal, recommandèrent d'ajouter du sucre aux moûts trop faibles.

Dans quelques vignobles, on s'est d'abord engoué de ce système d'amélioration dont on a fait un usage très-fréquent et surtout immodéré, mais le résultat a été loin de répondre à ce qu'on en attendait ; car, en outre de la dépense que ce procédé occasionnait, les vins, n'achevant pas leur fermentation dans la cuve, travaillaient à certaines époques de l'année plus fréquemment qu'à l'ordinaire, et exigeaient plus de temps pour arriver à être potables ; ils acquéraient, il est vrai, de la vinosité et du corps, mais au détriment de leur finesse et de leur légèreté.

Cependant, dans les années très-froides ou pluvieuses à l'excès, dans celles enfin où l'on a à craindre de faire des vins qu'il serait impossible de conserver sans altération, peut-être pourrait-on, afin de ramener la vendange à des conditions normales, améliorer les moûts au moyen d'une certaine addition de sucre. On ne parviendrait certainement pas à faire un vin de qualité supérieure, mais on obtiendrait peut-être au moins un vin passable et dont on pourrait plus facilement tirer parti. C'est du reste une étude à faire par chaque propriétaire, et nous n'entendons aucunement recommander l'emploi de cette méthode, qui exige beaucoup de prudence et de discernement.

Le sucre de canne en poudre, connu dans le commerce sous le nom de *sucre terré*, est celui qui semble le mieux convenir pour ce procédé; la manière la plus facile de l'employer est, lorsqu'on est fixé sur la quantité à ajouter au moût, d'en saupoudrer tout simplement la vendange, au fur et à mesure de son déchargement dans la cuve. Le sucre se dissout très-promptement, et les opérations qui précèdent la fermeture des cuves suffisent parfaitement pour obtenir son mélange avec le moût; la fermentation ensuite ne tarde pas à se développer, et, comme elle agit également sur le sucre de canne et sur le sucre existant naturellement dans le jus du raisin, leur conversion en alcool a lieu simultanément.

La fermentation peut s'établir sur de petites quantités de vendange, néanmoins elle est puissamment modifiée par l'augmentation de la masse; ainsi, elle se développe plus lentement et est beaucoup moins parfaite dans un tonneau que dans une cuve de la capacité de plusieurs pièces. Le vin qui provient d'une cuve a été d'autant moins exposé aux influences pernicieuses de l'atmosphère qu'il a été fait plus rapidement, et se conserve d'autant mieux que la décomposition des principes du moût est plus complète. La fermentation ne s'établissant que fort lentement dans un tonneau, il ne peut en résulter qu'un vin dur, souvent altéré et ayant pour le moins un goût de rafle excessivement désagréable, par suite du séjour beaucoup trop prolongé de cette dernière dans le moût. Aussi arrive-t-il fréquemment qu'un propriétaire trouve, comme c'est assez l'ordinaire, ses vins parfaits et surtout bien francs de goût, quand un dégustateur, même peu habile, pourrait avoir à y signaler plusieurs altérations de diverses natures.

La jauge des cuves est assez ordinairement de 30 à 40 hectolitres environ; cependant il y en a aussi de plus fortes. Il est souvent utile, du reste, d'en avoir de plusieurs dimensions, mais comme les cuves d'une capacité moyenne demandent moins de temps pour être emplies, elles doivent toujours, autant que possible, être préférées aux grandes.

Les unes ont leur plus grand diamètre dans le haut; d'autres sont *à bouge*, c'est-à-dire ont la forme d'un tonneau ouvert par un de ses fonds et placé debout; mais celles qui sont en cône tronqué, c'est-à-dire les **cuves en saloirs**, sont préférables : non-seulement elles offrent un grand avantage sous le rapport de la solidité du cerclage, qui n'est pas exposé à descendre comme dans les autres, mais encore, par leur rétrécissement dans la partie supérieure, elles maintiennent mieux la chaleur et s'opposent davantage aux dégagements des principes spiritueux.

Chaque cuve est ordinairement établie dans le vendangeoir sur un fort madrier posé, par ses extrémités, sur deux pierres ; ce madrier, connu vulgairement sous le nom de *marc*, porte non-seulement sous le jable, mais encore en travers, par le milieu, sous le fond de la cuve. Le derrière de la cuve est soutenu au moyen d'une pierre ou d'un morceau de bois, qui lui donne une pente très-légère du côté de la cannelle dont nous allons parler ; quant au devant, il est maintenu au moyen de deux petits étais posant d'un bout sous le jable, et de l'autre sur le sol. Lorsque l'opération du décuvage tire à sa fin, on enlève ces deux étais, afin de pouvoir incliner la cuve, et par là faciliter l'entier écoulement du vin.

Une cuve doit être munie d'une espèce de cannelle en bois, vulgairement appelée *corps*, au moyen de laquelle on tire le vin au moment du décuvage; quelques propriétaires font usage d'une grosse fontaine en cuivre. A l'intérieur de la cuve, et contre le trou dans lequel a été fixée la cannelle, on dispose en éventail un petit fagot de sarment, que l'on maintient en place au moyen d'une grosse pierre ; ce fagot est destiné, lorsqu'on tire le vin de la cuve, à intercepter le passage des rafles qui, sans cela, pourraient obstruer le trou de la cannelle et formeraient obstacle à l'écoulement du vin.

Le premier soin d'un propriétaire, lors de ses préparatifs de vendange, a dû être de faire abreuver et laver ses cuves, quelques jours avant de s'en servir ; le lavage doit être répété jusqu'à ce que l'eau sorte parfaitement claire. Si l'on a des doutes sur le goût d'une cuve, il est prudent, pour l'assainir, d'user des procédés que nous indiquons § VII.

Une vendange faite promptement exerce l'influence la plus heureuse sur l'organisation du vin, dont les principes subissent une élaboration d'autant plus parfaite que la fermentation est plus régulière ; aussi doit-on faire en sorte que chaque cuve où l'on verse le raisin soit, autant que possible, emplie dans les vingt-quatre heures, afin que la fermentation, une fois commencée, n'éprouve pas d'interruption, comme cela arrive nécessairement lorsque le remplissage des cuves traîne en longueur.

Malheureusement, ce principe est souvent d'une application très-difficile, en raison de l'éloignement et du morcellement des vignes, surtout pour les petits propriétaires qui, employant peu de vendangeurs étrangers, mettent en général cinq ou six jours et quelquefois plus à emplir une cuve ; mais, on le comprendra facilement, un préjudice réel ne peut manquer de résulter de ces interruptions répétées dans l'acte de la fermentation.

Lorsqu'une cuve vient d'être emplie, les rafles, par suite du versement de la vendange, se trouvent amoncelées dans le centre, tandis que le pourtour est presque exclusivement rempli par le jus du raisin ; il est donc indispensable, au moyen de bâtons armés de crochets de fer, de remuer cette masse de vendange, jusqu'à ce qu'on soit arrivé à en faire un tout homogène.

On doit ne pas emplir une cuve à plus de trente centimètres environ de son bord supérieur, parce que le liquide montant avec force, en raison du gonflement produit par la fermentation, déborderait de toutes parts ; de plus, le **gaz acide carbonique qui se dégage pendant cette** fermentation, étant plus pesant que l'air atmosphérique, se trouve retenu dans le vide conservé, au moyen du couvercle dont nous parlerons tout à l'heure, et forme sur le chapeau une espèce de couche qui le préserve de tout contact avec l'air extérieur et par suite l'empêche de passer à la dégénération putride.

Plusieurs propriétaires, afin d'éviter cette acidification du chapeau, et en même temps pour faire obtenir au vin une belle couleur, maintiennent le marc plongé dans le moût, à l'aide d'un faux-fond à claire-voie, divisé en deux parties pour être plus maniable; ce fauxfond est retenu dans la cuve au moyen de deux traverses posées dessus, et de quatre mains de fer fixées à l'intérieur à dix centimètres environ du bord supérieur.

Lorsqu'une cuve n'est emplie qu'en partie, le faux-fond, placé avec les deux traverses sur la masse de la vendange, est ordinairement maintenu au moyen de quatre tasseaux coupés à la longueur nécessaire, posés verticalement, et portant d'un bout sur l'extrémité des traverses, de l'autre sous les mains de fer.

Mais cette opération ne suffit pas, car, si elle soustrait le chapeau de vendange au contact de l'air, c'est en y exposant une partie du moût qui vient surnager à sa surface ; et, au fur et à mesure que le gaz acide carbonique se forme, l'alcool se formant aussi, une partie de cet alcool, entraînée par le gaz, s'évapore avec lui; il en résulte donc une déperdition quelquefois assez considérable. Il ne faut pas oublier non plus qu'il est très-important de garantir le vin, dès sa formation, des impressions de l'air atmosphérique, ce liquide ayant une tendance extrême à s'aigrir, surtout si la température est élevée ; aussi doit-on mettre tout en œuvre pour prévenir chez lui cette altération, dont il serait impossible d'arrêter les progrès. On obtient un excellent résultat en appliquant sur la cuve un couvercle de paille ; ce couvercle, que l'on fait mouvoir facilement en le suspendant à un cordeau passé dans deux poulies et attaché à un contrepoids, suffit non-seulement pour prévenir l'évaporation du vin, mais encore pour maintenir la chaleur dans la vendange, et, tout en interceptant l'air extérieur, donner issue au gaz acide carbonique.

Il est d'autant plus avantageux de couvrir les cuves que, sans cette attention, la vendange reçoit l'impression de la température très-variable de l'atmosphère, et que la fermentation étant excitée ou s'affaiblissant, selon cette variation, est alors nécessairement imparfaite ; aussi, par plus de précaution, après les travaux de la journée, et lorsque la circulation n'est plus nécessaire dans le local où sont placées les cuves, est-il bon d'en tenir les portes soigneusement fermées, afin de le préserver des variations qui pourraient être apportées dans sa température par la fraîcheur de la soirée ou par celle de la nuit.

Un autre avantage que l'on obtient encore en enfonçant la vendange et en couvrant les cuvées, c'est, lorsqu'on se trouve retenu par d'autres occupations, de pouvoir sans grand inconvénient différer de quelques heures l'instant du décuvage; par suite de ce retard, le vin a peut-être acquis un peu plus de fermeté, mais son goût n'a rien perdu de sa *franchise*. Avec des cuves découvertes, au contraire, il y aurait pour le moins imprudence, on doit le comprendre, à vouloir user de la même facilité, et il serait souvent dangereux de laisser le vin en contact avec un chapeau de vendange parfois en état de putréfaction.

La fermentation peut, avons-nous dit, être hâtée ou retardée suivant l'état de la température intérieure de la cuve; ainsi, au-dessous de 15 degrés du thermomètre centigrade, elle languit, ou même elle n'a pas lieu si la température est trop froide ; à 15 degrés, elle se soutient; une chaleur de 16 à 20 degrés est considérée comme étant la plus favorable.

Dans les années humides et très-froides, des vendanges pluvieuses pourraient ajouter encore à la pauvreté naturelle du moût, et lui enlever en quelque sorte, par suite d'une température souvent glaciale, tout principe de vie. La fermentation, dans ce cas, serait très-lente à se prononcer; il devient alors urgent d'user du moyen qui se présente le plus naturellement pour modifier cet état de choses, dont les résultats pourraient être très-fâcheux. Afin de parer, au moins en partie, à ces défauts en amenant la température de la cuve au degré voulu, il est utile, mais avant tout commencement de fermentation et lorsque la cuve n'est encore emplie qu'au quart environ, de faire chauffer fortement une partie du moût, sans la faire arriver cependant à l'ébullition, et de la rejeter dans la cuve, en ayant soin de remuer la masse de la vendange, afin que la grappe et le moût soient bien mêlés ensemble, et que le tout soit pénétré d'une chaleur uniforme. De cette manière, on obtient une espèce de levain dans lequel la chaleur ne tarde pas à se développer, et qui contribue puissamment à élever la température dans le surplus de la vendange que l'on a à verser dans la cuve.

Dès que celle-ci est complètement emplie, on la ferme comme nous l'avons indiqué plus haut; on ne doit plus ensuite y toucher, dans la crainte de porter du trouble dans la fermentation, et on attendra le moment du décuvage.

§ V.

Du Décuvage.

Autant le vin profite d'un cuvage bien conduit, autant ses bonnes qualités et son avenir peuvent se trouver compromis par suite d'un cuvage fait sans intelligence et prolongé au-delà des limites voulues. Combien de vins, s'étant trouvés d'abord dans les meilleures conditions, sont détériorés dans tous leurs éléments par suite de trop longs cuvages, et contractent si souvent l'*aigre*, cette altération d'autant plus redoutable que la science est impuissante à la guérir! Des cuvages pour ainsi dire sans fin, comme on les pratique malheureusement quelquefois, ne conveinnent nulle part, et nous ne saurions trop les proscrire; car ils dénaturent la couleur du vin, lui enlèvent son parfum, sa force, toutes ses bonnes qualités enfin, et, en attaquant son organisation entière, compromettent son avenir.

Les saisons étant plus ou moins favorables, le raisin n'est pas toujours dans des conditions de maturité semblables; on doit donc nécessairement tenir compte des nuances qui existent dans sa constitution et se régler sur elles, pour déterminer la durée du cuvage.

En principe, le moût doit cuver plus ou moins de temps, selon :

Qu'il est plus ou moins sucré ;

Que la température est plus ou moins chaude ;

Qu'on se propose d'obtenir un vin plus ou moins coloré.

La fermentation, ainsi que nous l'avons déjà dit, sera d'autant plus courte que la masse de la vendange sera plus volumineuse.

Afin de faire reconnaître à un signe certain le moment le plus favorable pour décuver, on a proposé l'emploi du *gleuco-œnomètre*. L'instrument était plongé dans une éprouvette contenant du moût provenant de la cuve en fermentation, et, dès qu'il descendait à 0, on jugeait que le vin était assez fait pour être tiré de la cuve ; mais, en raison de diverses substances étrangères qui sont encore alors en suspension dans le vin, cette indication était loin d'être exacte, et l'on a dû renoncer à l'emploi de cet instrument; cependant on peut en faire usage, mais seulement à titre de renseignement et sans y attacher plus d'importance qu'il n'en mérite.

Il serait difficile de déterminer, d'une manière fixe et invariable pour toutes les années, quel doit être le moment exact du décuvage; néanmoins nous pouvons dire qu'il faut procéder à cette opération dès que la saveur sucrée du moût, tendant à disparaître, commence à faire place à une saveur vineuse, et dès que le vin a acquis la couleur que l'on peut exiger d'après le degré de maturité du raisin. En général, ce résultat est atteint lorsque la vendange, après être arrivée au *maximum* de sa fermentation, commence à baisser et à s'affaisser dans la cuve.

L'affaissement du chapeau peut avoir lieu trois ou quatre jours après que la vendange est dans la cuve, comme il peut ne se déclarer qu'après dix ou douze jours, ce mouvement étant subordonné, comme nous l'avons expliqué, à la constitution du moût et à la température de la saison. Il est donc indispensable de surveiller attentivement les progrès de la fermentation, de déguster de temps à autre le liquide fermentant, pour prévenir l'entière décomposition de la matière sucrée, et de décuver, lorsque le sucre se fait sentir encore d'une manière même assez prononcée.

Quoique le sort d'une cuvée ne dépende pas absolument d'un retard de quelques instants, nous croyons néanmoins qu'il est prudent de ne pas dépasser de beaucoup le terme que nous indiquons; la fermentation, bien qu'étant déjà apaisée en grande partie, pourrait, en se prolongeant à l'excès, attaquer le principe colorant du vin et porter au bouquet un préjudice assez notable, ou tout au moins donner au vin un goût de rafle très-désagréable. Il ne faut pas oublier non plus qu'en outre de ces désavantages les vins dont le cuvage a été trop prolongé ont l'inconvénient fâcheux de déposer considérablement, non-seulement dans les tonneaux, mais encore lorsqu'ils sont mis en bouteilles.

Malheureusement, les bons effets des cuvages de courte durée ne sont généralement pas assez compris; il semble à certains propriétaires qu'ils commettraient une grande faute, et que l'avenir de leurs vins serait compromis, s'ils ne laissaient cuver leur vendange pendant un temps en quelque sorte indéfini. Ils devraient cependant bien comprendre que, du moment que la fermentation tumultueuse est terminée, la majeure partie du sucre étant convertie en alcool, le vin n'a plus rien de bon à acquérir dans la cuve, et que sa constitution, au contraire, doit être nécessairement altérée par un contact trop prolongé avec le marc.

§ VI.

Du Pressurage.

Avant de décuver, il faut avoir le soin, comme nous l'avons déjà dit, d'enlever avec précaution la partie du chapeau de vendange qui, par suite de négligence, aurait pu contracter de l'acidité ou même un commencement de putréfaction ; nous avons expliqué la nécessité de cette opération, dont on ne saurait s'affranchir sans s'exposer aux plus graves conséquences.

Si la vendange a été enfoncée dans la cuve, on doit, une heure ou deux avant de décuver, enlever le faux-fond, pour que le marc, en remontant, puisse faciliter la sortie du vin.

Lorsque la cuve n'a pas été emplie entièrement, et que la vendange a été enfoncée et couverte comme nous l'avons dit § IV, il est prudent, pour la personne chargée d'ôter le faux-

DU PRESSURAGE.

fond, d'enlever le couvercle de paille un quart-d'heure environ auparavant, afin que le gaz acide carbonique, qui est dans le vide de la cuve, puisse s'échapper, au moins en grande partie, et soit remplacé par l'air atmosphérique.

Ces précautions prises, on tire, au moyen de la cannelle en bois dont nous avons déjà parlé et d'un *tire-vin* (grand baquet de 1,20 environ de diamètre), la *mère goutte*, c'est-à-dire tout le vin qui veut sortir naturellement de la cuve.

On doit, pendant cette opération et pendant celle du pressurage, laisser le vin le moins possible exposé au contact de l'air, car autrement il se fait chez lui une forte évaporation alcoolique qui l'affaiblit et le dispose aux altérations ; ce soin est, du reste, essentiel dans tous les cas de manutention des vins.

Quant au marc, on aura dû avoir fait tous les préparatifs nécessaires pour le porter le plus promptement possible au pressoir, afin que la partie liquide en soit extraite.

Pour cette opération, on dresse à côté de la cuve un tonneau vide sur lequel est placé un petit plateau de bois de 0,75 carrés environ, garni de rebords sur les côtés, et dans lequel est ménagée une échancrure cintrée qui permet de l'appliquer contre la cuve ; un homme descend alors dans cette dernière, et, au moyen d'une pelle de bois, charge le marc dans des hottes goudronnées à l'intérieur, que les autres pressureurs lui présentent successivement, en les maintenant debout sur le plateau dont il vient d'être parlé et en ayant soin que les brassières soient tournées de leur côté. Le marc est ensuite transporté à dos d'homme, au fur et à mesure du remplissage des hottes, et versé dans le coffre ou sur la *maie* du pressoir.

Les pressoirs dont on se sert le plus généralement dans le département de l'Aube sont : les anciens *pressoirs à abattage*, ceux connus sous le nom de *briolles*, ceux à percussion, dits *pressoirs mâconnais*, et les *pressoirs troyens*, de l'invention de M. Benoît, de Troyes. Depuis quelques années, plusieurs propriétaires font usage d'un pressoir inventé par M. Lemonnier-Jully, mécanicien à Châtillon-sur-Seine (Côte-d'Or) ; ils en trouvent le service excellent sous tous les rapports.

On donne ordinairement trois serres à chaque marc, dont on obtient ainsi une quantité encore assez grande de vin plus fortement coloré, mais un peu plus ferme que celui provenant de la cuve.

Le produit du pressurage est le plus souvent réuni à la mère goutte ; ce mélange est sans inconvénient, lorsque l'opération du cuvage a été faite convenablement, et contribue au contraire pour beaucoup à la coloration du vin et à sa conservation. Mais, pour peu qu'on ait remarqué la moindre altération dans le chapeau de vendange, le plus prudent est de mettre à part le vin qui provient du pressurage ; en négligeant cette précaution, on risquerait de compromettre entièrement le sort d'une cuvée.

§ VII.

De la Mise en Tonneaux.

Si l'on veut prévenir la plupart des altérations auxquelles le vin est ordinairement sujet, non-seulement des soins constants doivent être donnés à chacune des opérations qui ont pour but la conversion du jus du raisin en liqueur spiritueuse, mais ils doivent encore accompagner ce liquide dans les tonneaux où il est placé après le décuvage; car, là surtout, le vin doit être l'objet de la surveillance la plus minutieuse et la plus active.

Avant de tirer le vin de la cuve, on aura eu soin de préparer le nombre de tonneaux nécessaires pour le recevoir.

Lorsque les tonneaux sont neufs, on y introduit quelques litres d'eau bouillante et on les bouche aussitôt; on les agite ensuite en tous sens, et on les dresse successivement sur chacun de leurs fonds. Cette eau doit y séjourner assez longtemps pour pénétrer les tissus du bois et lui enlever son astriction et son amertume ; puis les tonneaux sont rincés à l'eau froide et égouttés avant d'être employés.

Si les tonneaux sont vieux, on ne saurait rien négliger pour les débarrasser des mauvais goûts qu'ils pourraient avoir contractés, ni apporter trop de soin à leur extrême propreté, car il vaut toujours mieux prévenir les altérations que de s'exposer à être plus tard, presque toujours sans le moindre succès, dans l'obligation de chercher à y porter remède. Il faut souvent bien peu de temps au vin, lorsqu'il a été versé dans des fûts gâtés ou même seulement malsains, pour en prendre le mauvais goût, et cette altération est d'autant plus fâcheuse que, si par la suite elle devient quelquefois moins sensible, elle ne disparaît jamais entièrement. On défonce donc ces tonneaux pour les examiner à l'intérieur, on enlève, du mieux possible, la couche de tartre qui en tapisse les parois, et l'on procède ensuite à leur égard comme lorsqu'il s'agit de tonneaux neufs.

Quand un tonneau est affecté de mauvais goût, et même ne lui trouverait-on qu'une odeur suspecte, il faut le laver avec la plus grande attention, et, si l'on y remarque des taches qui semblent indiquer que le bois est atteint de pourriture, on doit avoir soin de les enlever jusqu'au vif; après ces opérations, on replace le fond, on abreuve le fût, s'il est hâlé, et on y introduit un litre environ d'eau contenant un dixième d'acide sulfurique; on bondonne, puis on remue à diverses reprises le tonneau dans tous les sens, de manière que toute sa surface intérieure soit complètement imprégnée du liquide; quelques heures après, on rejette cette eau acidulée, et l'on rince le tonneau autant qu'il est nécessaire.

Certains propriétaires, pour assainir leurs futailles, et même quelquefois en outre du procédé ci-dessus et par surcroît de précaution, font usage de lait de chaux. Pour un tonneau de la contenance de 225 litres, on fait fondre 500 à 750 grammes de chaux vive dans 5 à 6 litres d'eau, et l'on verse cette dissolution, avant qu'elle ait eu le temps de se refroidir, dans le fût que l'on veut nettoyer; l'opération se termine ensuite comme nous venons de l'indiquer pour l'emploi de l'acide sulfurique.

Ces procédés sont excellents aussi pour l'assainissement des cuves, qu'on devra laver au moyen d'un balai ou d'une grosse brosse, l'opérateur ayant soin de se garantir principalement les yeux et d'éviter que la liqueur acide ne jaillisse sur lui.

Aussitôt que le vin est fait, on doit le placer dans les fûts qui lui sont destinés, en y laissant quelques centimètres de vide ; autrement le liquide, augmentant de volume par suite de la nouvelle fermentation qui s'établit dans le tonneau, sortirait en partie avec l'écume par le trou de bonde.

Quelques propriétaires emplissent les fûts au fur et à mesure qu'ils tirent le vin de la cuve, en ménageant un vide dans les tonneaux, pour y distribuer ensuite, aussi également que possible, le vin provenant du pressurage.

D'autres, afin d'obtenir un mélange plus égal, avant de mettre le vin en fûts, le déposent provisoirement dans des cuveaux, d'où ils le rejettent avec le vin du pressurage dans la cuve, dès que le marc en est enlevé ; mais avec quelque habileté que cette opération soit faite, elle a l'inconvénient d'exposer trop longtemps le vin aux impressions désastreuses de l'air atmosphérique.

Dans certains vendangeoirs sous lesquels existent des caves, le sol du vendangeoir et la voûte de la cave sont traversés par une douille en bois d'un diamètre suffisant pour laisser passer celle d'un grand entonnoir, au moyen duquel on verse le vin, provenant tant de la cuve que du pressurage, dans un foudre placé à la cave et d'où on le tire ensuite pour le mettre en tonneaux. Ce procédé est certainement le meilleur, car il donne un mélange parfait, sans que le vin soit exposé à une évaporation considérable de la partie alcoolique.

Pour toutes ces opérations, le maniement des vins se fait au moyen de *sapines*, et leur transport au moyen de *tines* de la contenance de 125 litres environ, mais qu'on n'emplit qu'aux trois quarts ; chaque tine est munie de deux anneaux de fer placés aux deux tiers de sa hauteur, dans lesquels les pressureurs passent deux bâtons de 2,30 à 2,50 de long, pour former brancard, et qui doivent être assez forts pour supporter la quantité de vin versée dans la tine.

Afin d'éviter au vin, autant que possible, le contact de l'air extérieur, et faciliter en même temps l'issue du gaz acide carbonique qui tend à s'échapper, on couvre le trou de bonde de chaque fût avec une feuille de vigne qu'on maintient au moyen d'un tuileau ; d'autres posent simplement dessus le bondon retourné.

Mais, afin d'empêcher plus complètement le contact de l'air atmosphérique, dont l'influence, nous ne saurions trop le répéter, est toujours pernicieuse, il est essentiel de bondonner dès qu'on peut le faire sans inconvénient, c'est-à-dire dès que la fermentation qui s'était établie dans le tonneau est apaisée.

Pour les vins rosés et les vins blancs, dont nous parlerons plus tard, comme leur fermentation se prolonge assez longtemps, quelques propriétaires, afin de mettre obstacle à l'évaporation du principe spiritueux, tout en procurant au gaz acide carbonique la possibilité de s'échapper, font usage d'une espèce de bondon en fer blanc, ayant à peu près la forme d'un verre à boire, de 0,08 de hauteur, dont le fond est traversé par un petit cylindre ouvert à ses deux extrémités, de 0,01 de diamètre, et soudé sur ce fond, près de l'un des bords. Ce petit cylindre, qui a 0,07 de hauteur, est coiffé par un tube haut de 0,06, de 0,02 de diamètre, et fermé à sa partie supérieure, laquelle est soudée au bord du bondon et un peu au-dessous de son niveau. Quand ce bondon, entouré de linge, est solidement fixé dans le trou de bonde, on l'emplit d'eau aux trois quarts de sa hauteur et les gaz qui se dégagent du tonneau sont forcés, pour s'échapper en dehors, de traverser le volume d'eau, sans qu'il y ait un seul instant contact du vin avec l'air extérieur.

Ce bondon est connu vulgairement sous le nom de *crapaud*, parce que les bulles d'air, en venant éclater à la surface de l'eau, produisent un bruit (*clock*) qui ressemble assez au chant d'un crapaud (*le crapaud accoucheur*).

§ VIII.

Du Remplissage.

Après la mise des vins en fûts, la fermentation continue et s'achève dans les tonneaux, et, le bois absorbant une certaine quantité de liquide, il se fait, dans les jours qui suivent, un vide qu'il faut ne pas tarder à combler, et à des intervalles d'autant plus courts qu'on est plus près de l'époque où le vin a été entonné.

Le remplissage complet, néanmoins, doit avoir lieu seulement lorsque la fermentation s'est ralentie et est devenue presque insensible; il est prudent même, dans les jours qui suivent, d'enlever de temps à autre les bondons, afin de vérifier si la fermentation ne se renouvelle pas et au besoin de donner issue au gaz qui, sans cette précaution, se trouvant trop comprimé, pourrait faire fuir ou même défoncer les tonneaux.

Ce premier temps passé, on doit remplir les fûts régulièrement tous les mois, et autant que possible avec du vin de la même cuvée ou au moins qui ne lui soit pas inférieur, puis les bondonner avec le plus grand soin. Cette double attention est nécessaire, tant pour conserver au vin sa franchise de goût et prévenir chez lui plusieurs altérations toujours très-graves, que pour diminuer le déchet produit par l'évaporation, car ce déchet serait d'autant plus considérable que la vidange serait plus prolongée.

On doit, par-dessus tout, veiller à ce que, pour les remplissages, on n'employe pas des vins qui soient tarés ou affectés de goût d'aigre ; bien que leur présence ne soit pas toujours immédiatement appréciable dans les mélanges, il suffit quelquefois d'une quantité extrêmement faible de ces vins pour communiquer à celui qui est contenu dans le fût que l'on remplit les principes d'une détérioration toujours croissante.

Lorsqu'un tonneau est resté en vidange assez de temps pour qu'il se soit formé des fleurs sur le vin, on le remplit en ayant soin de frapper dessus avec un maillet, pour faire sortir les bulles d'air qui s'arrêtent contre les douves, et pour amener, autant que possible, les fleurs au trou de bonde. En pressant du genou le fond du tonneau, on fait déborder le liquide et on souffle dessus, afin que ce qui s'en répand entraîne les fleurs réunies à sa surface. On remplit de nouveau, et on répète cette opération jusqu'à ce qu'on n'aperçoive plus de fleurs.

En général, il est important de ne pas laisser de tonneau en vidange, car, en mettant de la négligence dans le remplissage, on s'exposerait à ne plus avoir qu'un vin souvent très-altéré ; aussi, lorsqu'un fût n'a pas été empli entièrement, est-il prudent de se conformer à ce que nous indiquons plus loin § X.

§ IX.

Du Soutirage.

La lie, quoique précipitée d'elle-même au fond du tonneau, peut remonter et se mêler de nouveau avec le vin, lui imprimer un mouvement de fermentation, et déterminer son altération : de là la nécessité du soutirage.

On n'a pas de règle bien positive sur le moment propice à cette opération ; cependant il est des circonstances d'après lesquelles on peut se diriger à cet égard.

Ainsi, l'on doit soutirer les vins verts des mauvaises années au plus tard dans le courant du mois de janvier qui suit la vendange, et sans s'inquiéter de ce qu'ils ne seraient pas encore arrivés à une limpidité parfaite, car on ne saurait les dépouiller trop tôt d'un excès de ferment qui peut souvent leur devenir très-nuisible.

Les vins des années chaudes demandent, au contraire, un soutirage plus tardif ; on doit attendre, pour y procéder, jusqu'au mois de mars ou même d'avril. Comme ces vins contiennent beaucoup de sucre et une trop faible proportion de ferment, ils exigent l'action prolongée de ce dernier sur la partie sucrée, afin d'en opérer la transformation en alcool. Un soutirage prématuré, en les privant du peu de ferment qu'ils renferment et en arrêtant un travail nécessaire à leur constitution, pourrait être également nuisible à leur avenir.

Un second soutirage est toujours indispensable la première année ; il a lieu ordinairement à la fin de juillet.

On peut ensuite, à moins qu'on ne remarque dans le vin une fermentation extraordinaire dont on pourrait craindre les conséquences et qu'il est souvent utile d'arrêter au moyen du soufrage, ne répéter cette opération qu'une fois chaque année, mais régulièrement et tant que le vin reste en fût ; on profite ordinairement du moment de ce soutirage pour la *mise en sûreté* des tonneaux.

Il faut, pour soutirer, choisir autant que possible un temps calme et frais ; on doit éviter de procéder à cette opération quand le temps est humide ou pluvieux, pendant les vents violents du sud, et surtout par un temps d'orage; il est bon aussi de s'en abstenir lorsque la vigne travaille, c'est-à-dire aux époques de la séve (mai et août), quand le raisin est en fleurs, et au moment où il commence à mûrir. Toutes ces circonstances favorisent l'action du principe fermentatif, et occasionnent une agitation susceptible de faire remonter dans le vin une partie de la lie.

Pour opérer le soutirage, on perce, au moyen d'un vilebrequin, le fond du tonneau, à deux doigts environ au-dessus du jable inférieur, afin de pouvoir y fixer une fontaine; puis on enlève le bondon pour donner entrée à l'air extérieur, au fur et à mesure que le fût se vide.

Le vin est reçu dans une sapine qu'on laisse emplir et qu'on verse ensuite dans un tonneau bien net et surmonté d'un entonnoir. Quand le fût que l'on soutire ne donne plus qu'une faible quantité de vin, on examine avec soin, la tasse à la main, le vin qui s'écoule; on soulève lentement et sans secousse le tonneau par derrière, et, dès qu'on aperçoit le moindre louche dans la liqueur, on ferme la fontaine. Les bas-vins que l'on obtient ensuite sont mis à part et collés fortement avant d'être employés; mais leur qualité est toujours inférieure à celle du vin soutiré clair naturellement. Quant à la lie, elle est mise de côté, pour être brûlée avec les marcs provenant des pressurages et destinés à faire de l'eau-de-vie.

Un mode de soutirage généralement usité dans la Côte-d'Or, et bien préférable en ce qu'il fatigue moins les vins, commence à être employé dans d'autres vignobles, au moins dans certaines circonstances, par quelques propriétaires.

Pour ce soutirage, on se sert également d'une fontaine en cuivre, mais dont le bec est droit au lieu d'être courbé, et d'un boyau en cuir d'environ 1,30 de long, terminé à ses deux extrémités par deux douilles en bois : l'une placée à angle droit du boyau, et l'autre dans le sens de sa longueur. La première de ces extrémités est adaptée et fortement fixée à la fontaine, l'autre est introduite dans le trou de bonde du fût destiné à être empli et qui doit être placé à terre sur le côté. On perce, avec un foret, un trou dans la partie supérieure de ce dernier, afin de livrer passage à l'air et d'éviter la résistance qu'il pourrait offrir lorsque le tonneau s'emplit ; puis on ouvre la fontaine, et le vin s'écoule de l'un dans l'autre fût. Pour forcer tout le vin à passer dans la nouvelle pièce, on se sert d'un fort soufflet dont la douille, ayant la forme d'un bondon, ferme hermétiquement le trou de bonde de la pièce à vider; le soufflet est mis en jeu, et bientôt, par suite de la pression de l'air, la presque totalité du vin est transvasée, ce dont on s'aperçoit à un petit sifflement qui se manifeste dans le boyau. Il faut alors fermer aussitôt la fontaine, puis boucher le trou de foret au moyen d'un fosset, retirer le soufflet, détacher le boyau de la fontaine, remettre *sur son vin*, c'est-à-dire le trou de bonde en-dessus, le tonneau que l'on emplit, enlever l'extrémité du boyau qui était fixée dans le trou de bonde, la remplacer par un entonnoir et y verser, après l'avoir soutiré à la sapine, ce qui reste de vin dans la futaille que l'on vide.

Ce mode de soutirage, beaucoup moins compliqué qu'il ne le semble d'abord, et dont il est très-facile de se rendre compte quand on a à sa disposition les instruments nécessaires, est excellent pour les vins fins et les vins vieux, et surtout pour les vins malades qu'il préserve du contact de l'air atmosphérique; nous le recommandons tout particulièrement.

Lorsqu'on n'a que quelques sapines de vin à

tirer d'un tonneau, ou lorsque le vin qu'on a à transvaser l'a été depuis trop peu de temps pour avoir formé aucun dépôt, cette opération peut se faire au moyen d'une pompe en fer-blanc dont l'usage est tellement connu que nous nous dispensons d'en donner aucune description. Les plus commodes sont celles qui sont pourvues d'un robinet.

Dès qu'un fût est vide, il doit être nettoyé à l'intérieur avec le plus grand soin. On y verse deux seaux d'eau et on y introduit ensuite une grosse chaîne adaptée, par l'un de ses bouts, à un bondon avec lequel on ferme le trou de bonde. On remue le tonneau dans tous les sens, afin que la lie en soit détachée par le frottement de la chaîne, puis on le vide et on y passe de l'eau autant de fois qu'il est nécessaire, jusqu'à ce qu'elle en sorte parfaitement limpide.

§ X.

Du Soufrage.

Le soufrage est peut-être, de tous les procédés, le plus puissant pour aider à la conservation du vin, et même il est à peu près impossible que celui-ci ne perde rien de ses bonnes qualités sans l'emploi souvent repété, mais bien entendu, de cet excellent moyen; il est certain que sans lui on ne saurait, lors des transvasements qu'on est obligé de faire subir au vin, le garantir du contact de l'air, ni, par conséquent, de l'influence délétère de l'agent qui peut lui être le plus préjudiciable, c'est-à-dire de l'oxygène.

Le rôle du soufre dans la manutention des vins est un rôle essentiellement conservateur, et son emploi ne peut que leur être très-favorable ; cependant, afin de leur laisser subir un reste de fermentation encore assez vive qui se déclare ordinairement dans les tonneaux lors du mélange du vin sortant de la cuve avec celui provenant du pressurage, on doit ne commencer à faire usage de la mèche qu'à partir du premier soutirage.

Quelques personnes reprochent à ce procédé de communiquer au vin un goût peu flatteur, mais l'accusation n'est pas fondée, et lorsque cet effet a lieu, il doit n'être attribué qu'à la manière défectueuse dont on en a fait usage. Ces personnes, pour soufrer leur vin, le versent dans des tonneaux quelquefois méchés longtemps auparavant. Elles ignorent que l'action du soufre est presque nulle sur du vin mis dans un tonneau préparé à l'avance, ne se fût-il écoulé que quelques heures seulement après le soufrage ; en effet, le gaz acide sulfureux s'est, en grande partie, échappé du tonneau, et le surplus, qui s'est condensé autour de ses parois, n'a d'autre résultat que de communiquer au vin un goût désagréable.

Pour pratiquer convenablement le soufrage, on introduit dans le tonneau que l'on veut mécher un fil de fer fixé, par une de ses extrémités, à un bondon, et dont l'autre extrémité est recourbée en crochet, afin de recevoir une portion de mèche soufrée plus ou moins grande, suivant la capacité du tonneau ; un morceau de 3 à 4 centimètres carrés environ est suffisant pour un fût de la contenance de 225 litres ; cependant, lorsque le vin destiné à l'emplir est disposé à fermenter, cette dose peut être doublée ou même triplée au besoin. On bondonne ensuite légèrement, au moyen du bondon auquel est fixé le fil de fer, et on laisse brûler la mèche ; on la retire avec précaution avant que sa combustion ne soit complète, et en ayant grand soin de ne pas la laisser tomber dans le fût, car autrement il faudrait l'en retirer avant d'y introduire le vin, son contact avec ce dernier pouvant lui communiquer un goût de chiffon brûlé ou de fumée. On évite du reste cet inconvénient, en faisant usage de mèches soufrées faites avec du papier au lieu de toile. Il faut, au moment même où l'on a retiré la mèche brûlée du tonneau, verser le vin sur la fumée qu'elle a produite, afin que l'oxygène dont il est imprégné soit absorbé par la vapeur sulfureuse ; en agissant autrement, on n'obtiendrait pas du méchage les résultats qu'on en attend.

Quand on veut se servir d'un tonneau vidé depuis un certain temps, il arrive quelquefois que la mèche soufrée ne peut y rester allumée ; c'est une preuve qu'il a contracté un goût d'aigre ; il faut ne pas en faire usage avant de l'avoir examiné à l'intérieur, et nettoyé au besoin comme nous l'avons indiqué § VII.

Mais si le tonneau n'est vide que depuis très-peu de jours, et n'a pu encore prendre un mauvais goût susceptible d'altérer la qualité du vin, il suffit, avant de s'en servir, de le rincer et de le mettre égoutter à terre sur le sol de la cave ; au bout de quelques heures, son léger goût d'aigre sera enlevé, et, l'air étant suffisamment renouvelé, la mèche y brûlera parfaitement.

Si l'on est pressé d'employer ce tonneau, il faut d'abord déboucher le trou du fond destiné aux soutirages, puis, au moyen d'un gros soufflet de cuisine dont on introduit la douille dans le trou de bonde, souffler dedans pour changer l'air qui le remplit, jusqu'à ce que la mèche puisse y rester allumée.

Quand les vins ont une tendance à la dégénération acide, ou lorsqu'ils éprouvent une fermentation accidentelle susceptible de les détériorer, afin de leur éviter la fatigue d'un soutirage qui souvent, dans de telles circonstances, pourrait leur être nuisible, on a quelquefois recours au *soufrage au fosset*. Après s'être assuré d'abord que le trou de bonde est bien fermé, on pratique avec un foret, dans la partie inférieure du fond, deux petits trous, l'un à dix centimètres environ du jable, l'autre dix centimètres plus haut, et on les bouche successivement au moyen de deux fossets. On allume ensuite, pour une pièce de la contenance de 225 litres, un morceau de mèche soufrée de 4 à 5 centimètres carrés, attaché au crochet du *méchoir* dont nous avons donné la description ; on débouche les deux trous et on place la mèche allumée contre celui du haut. Tandis que le vin coule par le trou du bas dans une sapine disposée pour le recevoir, le gaz acide sulfureux, entraîné par l'air, s'introduit dans le tonneau, et, en traversant le vin pour monter à sa surface, il le pénètre dans toutes ses parties. Dès que la mèche est brûlée, on ferme les deux trous au moyen des deux fossets, et l'on remplit le fût avec le vin qui en est sorti pendant l'opération.

Lorsqu'on est obligé de laisser un tonneau en vidange, une précaution assez bonne, dans l'intérêt du vin qu'il contient, est de brûler dans le vide un petit morceau de mèche soufrée ; ensuite le tonneau est bondonné et tourné sur le côté, de manière que le trou de bonde soit recouvert par le liquide. Pour plus de sûreté, il est nécessaire de renouveler cette opération assez fréquemment, et même le mieux, nous ne saurions trop insister sur ce point, est toujours de faire en sorte que la vidange se prolonge le moins de temps possible.

En général, l'emploi du soufre est très-favorable aux vins; ils se font toujours, dans ce cas, particulièrement remarquer par une limpidité et une franchise de goût parfaites, aussi ne doivent-ils jamais être transvasés d'un tonneau dans un autre sans qu'au préalable celui-ci n'ait été soufré convenablement. Le seul cas où l'on ne doive pas faire usage de la mèche, est lorsqu'il s'agit de vins atteints de la *graisse*, maladie qui attaque principalement les vins blancs, et par suite de laquelle ils perdent leur fluidité ordinaire et filent comme de l'huile. Ces vins ayant en effet grand besoin du secours de l'oxygène, le gaz acide sulfureux doit être complètement proscrit à leur égard; et même, lorsque le vin est en bouteilles, il suffit quelquefois, pour faire disparaître les effets résultant de cette maladie, de le transvaser d'une bouteille dans une autre, au moyen d'un entonnoir, en ayant soin de tenir un peu élevée celle que l'on vide, afin que le vin qui en découle ait, en traversant l'air atmosphérique, un plus long contact avec lui.

Le soufrage est encore un excellent moyen à employer pour la conservation des futailles qui doivent rester vides ; immédiatement après leur transvasement, on y fait brûler une portion de mèche soufrée de la grandeur qui serait nécessaire si l'on voulait les remplir, puis on les bondonne avec soin. Il est essentiel de ne pas rincer les futailles avant cette opération, ou, si l'on a été dans l'obligation de le faire en raison de la lie qu'elles pouvaient contenir, on doit, avant de les mécher, y passer un peu de vin et en imprégner toute la surface intérieure; mais lorsqu'on veut par la suite se servir de ces tonneaux, il faut toujours, quel que soit leur état de propreté, les rincer préalablement à plusieurs eaux, afin de leur enlever l'odeur de la mèche qui, s'étant attachée aux parois, ne manquerait pas de se communiquer au vin.

§ XI.

Du Collage.

Quelquefois après le premier soutirage, d'autres fois plus tard, les vins conservent en suspension une espèce de lie volante infiniment divisée qui s'oppose à leur limpidité; afin de les débarrasser des matières hétérogènes qu'ils contiennent et qui pourraient devenir pour eux des causes de trouble et d'altération, on doit les clarifier au moyen du collage.

A la suite d'une récolte pluvieuse, on devrait toujours, pour dépouiller les vins nouveaux d'une grande quantité d'impuretés et surtout d'un excès de ferment, les coller aussitôt après le premier soutirage et les laisser sur colle jusqu'au mois de mai ou même jusqu'à l'époque du second soutirage qui a lieu au mois de juillet; c'est ce qui se pratique souvent du reste dans la Côte-d'Or, pour les vins fins comme pour les vins ordinaires.

L'opération du collage doit être faite autant que possible, et réussit mieux, par un temps clair, calme, sec et frais. Elle se fait ordinairement avec des blancs d'œufs pour les vins rouges, et de la colle de poisson pour les vins blancs. Cependant, lorsque les vins sont chargés en couleur ou d'une clarification difficile, quelques propriétaires font usage de la gélatine ou des poudres de Julien; mais comme ces substances, quand elles sont employées à haute dose, fatiguent plus le vin que les autres colles que nous venons d'indiquer, il est prudent de ne s'en servir qu'avec beaucoup de discrétion.

On emploie encore d'autres procédés qui opèrent une clarification très-prompte; nous nous abstiendrons toutefois d'en conseiller l'usage, quelques-uns d'entre eux enlevant parfois au goût du vin une partie de sa franchise.

Cinq à six blancs d'œufs bien frais sont nécessaires pour le collage d'une pièce de la contenance de 225 litres environ; on les fouette avec un décilitre d'eau dans une terrine pour les faire mousser, et l'on verse, au moyen d'un entonnoir, cette colle dans le tonneau, dont on a préalablement retiré quelques litres de vin, afin d'établir un vide qui permette d'imprimer au liquide un mouvement convenable. On agite le tout pendant quelques instants avec un bâton fendu en quatre dans le tiers de sa longueur, et l'on remplit le fût avec le vin qu'on en a tiré avant l'opération, en ayant soin de frapper autour du trou de bonde, pour faire tomber la mousse et pour chasser au dehors les bulles d'air qui peuvent rester dans le tonneau. Ce collage est certainement le meilleur pour les vins fins.

Quand on veut faire usage de la colle de poisson, dont il faut huit à dix grammes environ pour le collage d'une pièce, on la déroule avec soin, puis on la coupe par petits morceaux qu'on met tremper, dès la veille de l'opération, dans un verre d'eau. Bientôt cette colle se gonfle, se ramollit, devient visqueuse et forme une masse gluante qu'on pétrit avec les mains, afin d'écraser les parties qui ne sont pas entièrement dissoutes ; on y ajoute un demi-litre du vin qu'on veut coller, on fait mousser, et l'on verse le tout dans le tonneau ; le collage se termine ensuite comme lorsqu'on procède avec des blancs d'œufs.

La gélatine s'emploie à la dose de douze à

quinze grammes par pièce. On la fait fondre sur de la cendre chaude, dans une terrine, avec deux décilitres d'eau, en remuant jusqu'à sa dissolution complète et en prenant bien garde qu'elle ne s'attache au fond du vase; après l'avoir laissée refroidir, on la fait mousser et l'on agit comme avec les autres colles.

Les poudres de Julien sont employées ordinairement à raison de dix grammes par pièce; mais on peut en augmenter la dose, quand on désire une prompte clarification. Pour les bien dissoudre, il faut avoir soin de les délayer d'abord avec un peu d'eau, de manière à en faire une espèce de pâte, et y ajouter ensuite environ un demi-litre d'eau; on verse ce mélange dans le tonneau, puis on termine le collage de la manière ordinaire.

Pour le collage des vins communs, lorsqu'ils sont nouveaux et verts, quelques personnes, afin de donner plus de pesanteur à la colle, y ajoutent par pièce une petite poignée (30 grammes environ) de sel marin qui contribue en outre à atténuer un peu la verdeur et l'âpreté du vin.

Plus un vin est nouveau et chargé en couleur, moins il y a d'inconvénients à le coller fortement; au contraire, plus il est vieux et fondu, plus la colle doit être légère.

Au bout de dix à douze jours, le vin doit être parfaitement clarifié, et l'on peut profiter d'un jour de beau temps pour le soutirer ou le mettre en bouteilles; cependant il est bon de s'assurer auparavant si la colle est bien descendue, car elle n'agit parfois que fort lentement. Si l'opération du collage n'a pas réussi, il faut de toute nécessité la renouveler, mais après avoir fait subir au vin un soutirage préalable.

Quelquefois il arrive que les bas-vins provenant des soutirages sont, par suite de toutes les impuretés qu'ils contiennent, d'une clarification excessivement difficile et même assez souvent impossible; dans ce dernier cas, et de crainte qu'ils n'arrivent à se perdre complètement, le seul parti qu'il reste à prendre à leur égard est de les coller au sang. On prépare cette colle dans la proportion de deux parties d'eau contre une partie de sang frais d'animal de boucherie préalablement épuré au moyen d'une passoire fine; il faut, pour le collage d'une pièce, un quart de litre environ de ce mélange, que l'on fait mousser, et qu'on emploie comme les autres colles dont nous venons de parler. La colle au sang est très-pesante, et n'est pas sujette à remonter; mais son action étant très-forte, il faut n'en user qu'avec beaucoup de prudence.

§ XII.

Du Vin rosé.

Lorsque les années ont été très-favorables à la maturité du raisin, on fait dans quelques vignobles, et notamment aux Riceys, un genre de vins très-peu cuvés et réunissant tous les agréments qui peuvent non-seulement flatter le palais, mais encore charmer les yeux ; nous voulons parler des vins gris ou rosés.

Ces vins, d'une couleur plus ou moins tendre, ont un fumet particulier, qui est très-flatteur, et sont d'une légèreté et d'une finesse remarquables; aussi jouissent-ils, à juste titre, d'une grande réputation, non-seulement en France, mais encore à l'étranger et particulièrement en Belgique. Leur qualité est d'autant supérieure qu'ordinairement, comme nous venons de le dire, on ne fait de vins rosés que dans les bonnes années, et qu'on ne choisit pour leur fabrication que des raisins provenant des contrées les plus délicates et les mieux exposées.

Le degré de cuvage demande une attention toute particulière. Les raisins ne devant rester, suivant la température de la saison, que de vingt-quatre à trente-six heures environ dans la cuve, avant d'être portés au pressoir, il est essentiel de suivre avec soin les progrès de la fermentation, afin de décuver dès que le vin a acquis le degré de teinte rosée que l'on veut obtenir. Il est prudent de ne pas mêler au vin tout le produit de la dernière serre, dans la crainte qu'il ne lui donne de l'âpreté.

La manutention est ensuite la même que pour le vin rouge; cependant, comme la fermentation se prolonge davantage et se renouvelle plus souvent dans le vin rosé, celui-ci exige plus de surveillance et de soin.

§ XIII.

Du Vin blanc.

Le vin blanc est celui dont la fabrication est la plus simple.

Ce vin peut se faire avec des raisins de couleur comme avec des raisins blancs ; il suffit pour cela de les pressurer avant toute fermentation, afin que le jus soit préservé du contact de la matière colorante contenue dans les pellicules. Quels que soient les raisins, on attend généralement, pour les couper, qu'ils aient acquis la plus grande maturité possible, et c'est toujours par eux qu'on termine la vendange.

Si l'on tient essentiellement à la qualité, on doit, de même que pour les vins rouges, ne vendanger qu'après l'évaporation de la rosée et par un temps sec et chaud ; cependant il y a peu d'inconvénients à le faire par un temps un peu humide et couvert, et même, si l'on désire avoir un vin parfaitement incolore, il est nécessaire de cueillir les raisins par la fraîcheur du matin et avant que la rosée soit entièrement dissipée.

On les transporte aussitôt au pressoir, en évitant de les écraser et de les exposer au soleil ; on les pressure immédiatement, et le moût est versé dans les futailles, où il parcourt tous les degrés de la fermentation. Il est convenable, nous en avons dit la raison au chapitre précédent, de n'y pas mélanger en entier le produit de la dernière serre.

Le vin blanc demande ensuite les mêmes soins que le vin rosé.

§ XIV.

De la Cave.

Les vins ne se conservent pas également bien dans toutes les caves ; ils s'améliorent dans les unes, ils se détériorent dans les autres.

On demande généralement d'une cave qu'elle soit profonde et qu'elle ait l'exposition du nord ou tout au moins celle du levant, sa température étant alors moins variable que lorsque les ouvertures sont au midi ou au couchant ; les soupiraux doivent être de petite dimension, et il faut les disposer de manière à pouvoir établir au besoin un courant d'air frais ;

Elle doit être à l'abri de secousses et d'ébranlements qui puissent faire remonter la lie dans le vin et y provoquer une fermentation toujours nuisible ;

La lumière y est nécessaire, mais elle doit être modérée ; il faut éviter surtout la réverbération du soleil qui la rendrait trop chaude et trop sèche; une obscurité presque absolue l'entretiendrait dans un état permanent d'humidité très-nuisible aux tonneaux, les cercles pourrissant, dans ce cas, avec une rapidité extrême;

Sa température doit être aussi égale que possible; il faut donc, pour arriver à ce résultat, éviter qu'il y ait des courants d'air permanents, avoir soin de fermer et d'ouvrir les soupiraux, suivant les variations atmosphériques, et, dans les grandes chaleurs comme dans les grands froids, veiller à ce qu'ils soient constamment fermés;

On doit l'entretenir dans un état de grande propreté et en éloigner sévèrement tous les objets susceptibles d'entrer en fermentation ou capables de la déterminer;

Enfin, les chantiers doivent être assez élevés pour faciliter l'opération du soutirage et pour permettre de balayer dessous, toutes les fois qu'il est nécessaire.

Il y aurait de grands inconvénients à faire cuver de la vendange dans une cave contenant des vins provenant de récoltes antérieures, et l'on doit même éviter d'y descendre trop tôt des vins nouveaux susceptibles de fermenter encore, parce que la vive fermentation des uns pourrait perdre les autres, en excitant dans les vins vieux un ferment quelquefois mal éteint.

En plaçant les tonneaux sur les chantiers, il est essentiel de ménager le long des murs un espace suffisant pour permettre de veiller par derrière à l'état des fonds, et en outre pour préserver les cercles de la pourriture. La position d'un tonneau, soit qu'il ait été placé sur un chantier, soit qu'il ait été gerbé sur d'autres futailles, doit être parfaitement horizontale; si le vin qu'il renferme est vieux, et si l'on n'a pas de vin convenable pour en faire le remplissage avant sa consommation ou sa mise en bouteilles, on devra faire en sorte, afin d'en diminuer l'évaporation, que le bondon soit un peu tourné sur le côté, et même, au besoin, il sera bon de se conformer à ce que nous prescrivons § X pour les fûts en vidange; si le vin, au contraire, demande encore certains soins indispensables, le tonneau qui le contient devra être placé de manière à ce que le trou de bonde soit exactement en dessus; le remplissage en est plus facile, et, lors des soutirages, la lie se trouvant amassée au centre inférieur de la pièce, il est plus facile aussi d'en tirer le vin dans toute sa limpidité.

Lorsque le vin est fait et placé dans la cave,

peu de soins suffisent pour assurer, autant qu'il est possible, sa conservation, comme aussi la moindre négligence peut être cause de sa perte. Tout se réduit à le déguster de temps à autre, pour s'assurer de son état et lui donner les soins nécessaires, à tenir les tonneaux pleins et parfaitement scellés, à veiller à leur entretien, à les visiter fréquemment, afin de remédier sans délai aux accidents qui peuvent survenir, et à soutirer le vin une fois ou deux, suivant le besoin, chaque année, pour le séparer du dépôt qu'il forme continuellement dans les futailles.

§ XV.

De la Mise en bouteilles.

Tous les vins, sans exception, gagnent à être mis en bouteilles ; ils y acquièrent certaines qualités qu'ils n'obtiendraient jamais en restant en tonneaux, et, d'ailleurs, cette opération est une des conditions de leur conservation. Une fermentation insensible a lieu continuellement dans les vins ; or, de même que le mouvement de la fermentation tumultueuse dans les cuves est subordonné à la quantité de vendange qu'elles contiennent, de même la fermentation insensible a plus d'action, et par conséquent le vin se fait et vieillit plus vite dans un tonneau d'une grande capacité. Il se conserve d'autant mieux au contraire qu'il est renfermé dans un tonneau plus petit ; mais il est nécessaire pour cela qu'il ait atteint un certain degré de maturité.

Bien que la mise en bouteilles soit une opération simple et facile, elle demande toujours certains soins essentiels qu'on ne doit pas négliger.

Il serait impossible de déterminer d'une manière absolue combien de temps les vins doivent rester en fûts avant d'être mis en bouteilles, car cela dépend de la nature des cépages, des années, et de la manière dont on a gouverné la fermentation. En général, plus le vin a de corps et de nerf, plus il faut l'attendre; plus il est tendre, délicat et léger, plus tôt on peut le mettre en bouteilles; il est en outre des caves où le vin se fait plus promptement que dans d'autres; aussi, le meilleur, le seul guide à consulter en pareille circonstance est la dégustation. Cependant, règle générale, on ne doit jamais, à moins qu'il ne s'agisse de vins mousseux, mettre du vin en bouteilles avant qu'il ait atteint seize à dix-sept mois d'âge; autrement, on s'exposerait à le voir fermenter et souvent perdre sa qualité.

De même que pour les soutirages, les temps d'orage, les moments de la sève de la vigne, de la fleur et celui où le raisin commence à mûrir sont regardés comme des époques très-défavorables à la mise en bouteilles; on pense que le vin est bien plus limpide, se conserve beaucoup mieux et est moins sujet à déposer, lorsqu'on le tire par un beau temps et par le vent du nord ou par celui de l'est. Néanmoins nous devons mentionner qu'un des principaux négociants de la Côte-d'Or choisissait de préférence, pour la mise en bouteilles de ses vins, les époques de la séve, de la fleur ou de la maturité, parce que, disait-il, si le vin que l'on veut tirer n'éprouve pas de fermentation à ces différentes époques, c'est qu'il n'a plus à la redouter.

Lorsqu'on a du vin à mettre en bouteilles, il faut, douze ou quinze jours avant de procéder à cette opération, avoir soin de le coller, en se conformant à ce que nous indiquons § XI. Il est essentiel, avant tout, de placer au fût son robinet, parce que, si l'on attendait plus tard, l'air qu'il introduit dans le tonneau ou les percussions répétées du maillet, pour le fixer, pourraient occasionner un ébranlement dans le dépôt et faire remonter une partie de la colle.

Quelle que soit la limpidité du vin que l'on veut mettre en bouteilles, elle ne peut jamais dispenser d'avoir recours au collage, à moins toutefois que ce vin ne soit destiné à être consommé très-promptement.

On doit apporter le plus grand soin au lavage des bouteilles, surtout de celles qui, ayant déjà servi, peuvent contenir quelques traces de lie ou de tartre. Pour les bien nettoyer, il faut faire usage soit de plomb, soit d'une chaîne à bouteilles, et y passer de l'eau autant de fois qu'il est nécessaire, jusqu'à ce qu'on n'y aperçoive aucun dépôt dont la présence puisse altérer la qualité du vin.

Lorsque les bouteilles sont parfaitement égouttées, on les emplit de manière à pouvoir laisser entre le liquide et le bouchon un intervalle vide de 2 à 3 centimètres environ. Cette opération demande à être faite habilement et surtout sans interruption, afin que le tonneau reste le moins de temps possible en vidange.

Les bouchons destinés à boucher les bouteilles doivent être de très-bonne qualité ; ce serait une économie bien mal entendue que d'en employer de mauvais qui pussent compromettre la qualité du vin ou même occasionner sa perte. Un bouchon, pour être bon, doit être sain et d'une nature un peu ferme ; ceux qui sont durs ou poreux, de même que ceux qui sont d'une nature trop molle, doivent être également rejetés.

Lorsqu'on bouche une bouteille, l'extrémité du

bouchon doit entrer avec peine dans le goulot : c'est au maillet à faire le reste. Avant de placer le bouchon, il est bon, afin de le faire pénétrer plus facilement, de l'amollir dans les trois quarts de sa longueur, soit avec une espèce de mâchoire en bois, nommée *mâche bouchons*, soit en le tenant couché sur un point d'appui et en frappant autour avec le maillet, puis de le tremper à moitié de sa longueur dans du vin semblable à celui contenu dans la bouteille. On place ensuite celle-ci debout sur un bloc de bois, où on la maintient d'une main ferme, tandis que de l'autre on enfonce avec force, au moyen du maillet, le bouchon dans le goulot.

Quelques personnes tiennent de la main gauche la bouteille suspendue, et frappent de la droite sur le bouchon avec une espèce de *batte*; mais cette manière de procéder est vicieuse, car on s'expose ainsi à casser plus de bouteilles, et le bouchon ne pénètre pas aussi bien dans le goulot que par la méthode que nous venons d'indiquer.

Nous devons recommander de ne pas mouiller les bouchons à l'eau chaude et de ne pas les mettre tremper à l'avance ; ils fléchiraient sous les coups du maillet, lorsqu'on voudrait les enfoncer.

Quand les bouteilles doivent rester longtemps en cave, et surtout lorsqu'on n'est pas parfaitement certain de la qualité des bouchons, il est prudent de les goudronner afin de ne laisser aucune issue au liquide qu'elles contiennent, puis on les place aussitôt à l'endroit qui leur est destiné dans la cave, en les rangeant les unes sur les autres au moyen de lattes de cœur de chêne mises entre chaque rang, et en ayant bien soin de les coucher horizontalement, afin que les liéges soient constamment humectés par le vin. Par suite de cette position, le dépôt se rassemble au milieu de la cavité inférieure du ventre, et, en transvasant les bouteilles avec soin au moment de la consommation, on obtient la totalité du vin parfaitement limpide.

Il est essentiel, avant de coucher chaque bouteille en place, de la renverser de manière à déplacer les bulles d'air qui, en restant adhérentes au bouchon, exposeraient le vin à prendre un goût de liége.

Dans les deux ou trois mois qui suivent la mise en bouteilles, le vin se trouve très-fatigué de cette opération, et prend, souvent même dès le lendemain, un goût assez prononcé de *battu*, aussi est-il indispensable de le laisser reposer pour le moins jusqu'à ce qu'il soit entièrement remis de cette fatigue et soit revenu à son état normal ; ce n'est que par la suite, d'ailleurs, que ses bonnes qualités arrivent à se développer complètement.

Malgré certaines préventions qui ne sont nullement fondées, nous ne saurions trop recommander l'opération importante du transvasement, surtout pour les vins fins, mais à la condition cependant qu'il n'ait lieu que peu d'instants avant leur consommation ; car si l'on opérait un peu trop à l'avance, le vin pourrait devenir aussi fatigué que lors de sa mise en bouteilles, et prendre également un goût de battu qui fît disparaître momentanément toute sa qualité.

Cette opération consiste à prendre la bouteille avec précaution, en la maintenant couchée comme elle l'était dans la pile, à la déboucher sans la redresser et surtout sans l'agiter, et à verser doucement le vin dans une bouteille bien nette ; il faut avoir soin d'arrêter l'écoulement dès qu'on s'aperçoit que le vin perd de sa limpidité.

En même temps qu'il a l'avantage de réduire le déchet autant que possible, le transvasement contribue essentiellement, en séparant le vin du dépôt qu'il a pu former, à faire valoir toute sa qualité qui, sans cette attention, devient quelquefois méconnaissable.

FIN.

TABLE
DES MATIÈRES.

	PAGES.
Note de l'Éditeur	5
Avant-propos	7
§ Ier. De la Vendange	11
§ II. De l'Égrappage	15
§ III. Du Foulage	18
§ IV. Du Cuvage	22
§ V. Du Décuvage	35
§ VI. Du Pressurage	40
§ VII. De la Mise en Tonneaux	44
§ VIII. Du Remplissage	51
§ IX. Du Soutirage	54
§ X. Du Soufrage	61
§ XI. Du Collage	67
§ XII. Du Vin rosé	73
§ XIII. Du Vin blanc	75
§ XIV. De la Cave	77
§ XV. De la Mise en Bouteilles	81

BAR-SUR-AUBE. — TYP. Mme JARDEAUX-RAY.

CPSIA information can be obtained
at www.ICGtesting.com
Printed in the USA
BVHW031243070922
646421BV00002B/86

9 782329 353753